獻給艾洛迪、費莉西蒂和提姆：

無論晴天或雨天，我們總會一起找到彩虹。 ── 瑞秋・戴維斯

獻給我最了不起的雙親。 ── 唐文嘉

少年知識家

跨域探險隊 **發現彩虹**

作者 | 瑞秋・戴維斯（Rachael Davis）
繪者 | 唐文嘉（Wenjia Tang）
譯者 | 黃靜雅
科學審訂 | 鄭志鵬（臺北市龍山國中數理資優班理化教師）

責任編輯 | 張玉蓉
特約編輯 | 戴淳雅
美術設計 | 李蕙如
行銷企劃 | 王予農

天下雜誌群創辦人 | 殷允芃
董事長兼執行長 | 何琦瑜
媒體暨產品事業群
總經理 | 游玉雪
副總經理 | 林彥傑
總編輯 | 林欣靜
行銷總監 | 林育菁
主編 | 楊琇珊
版權主任 | 何晨瑋、黃微真

出版者 | 親子天下股份有限公司
地址 | 臺北市104建國北路一段96號4樓
電話 | (02)2509-2800 傳真 | (02)2509-2462
網址 | www.parenting.com.tw
讀者服務專線 | (02)2662-0332 週一~週五：09:00~17:30
讀者服務傳真 | (02)2662-6048
客服信箱 | parenting@cw.com.tw
法律顧問 | 台英國際商務法律事務所・羅明通律師
製版印刷 | 中原造影股份有限公司
總經銷 | 大和圖書有限公司 電話：(02)8990-2588

出版日期 | 2024年5月第一版第一次印行
定價 | 480元
書號 | BKKKC267P
ISBN | 978-626-305-867-5(精裝)

訂購服務
親子天下Shopping | shopping.parenting.com.tw
海外・大量訂購 | parenting@cw.com.tw
書香花園 | 臺北市建國北路二段6巷11號 電話(02)2506-1635
劃撥帳號 | 50331356 親子天下股份有限公司

國家圖書館出版品預行編目(CIP)資料

發現彩虹 / 瑞秋.戴維斯(Rachael Davis)文；
唐文嘉圖；黃靜雅譯. -- 第一版. -- 臺北市：
親子天下股份有限公司, 2024.05
60面；21.5x26.7公分
譯自：Over the rainbow.
ISBN 978-626-305-867-5(精裝)
1.CST: 虹 2.CST: 通俗作品
328.731   113004946

Text © Rachael Davis 2023
Illustrations © Wenjia Tang 2023
Originally published in the English language in 2023 as
"Over the Rainbow: The Science, Magic and Meaning of
Rainbows" © FlyingEye Books, 27 Westgate Street E83RL,
London.

立即購買 >

科學探查・神話故事・文明演進・公民運動

發現彩虹

文 瑞秋・戴維斯（Rachael Davis） | 圖 唐文嘉（Wenjia Tang） | 譯 黃靜雅

科學審訂 鄭志鵬（臺北市龍山國中數理資優班理化教師）

目錄

前言 ・・・・・・・・・・・ 5

彩虹的科學原理

仔細觀察「光」 ・・・・・・ 8
反射、折射、色散 ・・・・・ 10
彩虹出現了 ・・・・・・・・ 12
古代的想法 ・・・・・・・・ 14
解開彩虹之謎 ・・・・・・・ 16

難得一見的彩虹

彩虹成雙！ ・・・・・・・・ 20
奇特的彩虹 ・・・・・・・・ 22
和彩虹相似的現象 ・・・・・ 24

彩虹的神話與傳說

這一切是怎麼開始的？ ・・・・・ 28
彩虹女神 ・・・・・・・・・ 30
北歐的彩虹橋 ・・・・・・・ 32
彩虹蛇 ・・・・・・・・・・ 34
愛爾蘭的矮精靈 ・・・・・・ 36

藝術作品中的彩虹

從前從前 ・・・・・・・・・ 40
彩虹彼端 ・・・・・・・・・ 42
我看得懂彩虹 ・・・・・・・ 44

彩虹的象徵

注意，有彩虹！ · · · · · · · 48
歷史上的重要旗幟 · · · · · · · · 50
挺身為自己驕傲 · · · · · · · · 52

結語 · · · · · · · · · 55
名詞解釋 · · · · · · · · 56
索引 · · · · · · · · · 57

前言

　　你曾經仰望雨後晴空，看見一道絢麗多彩的壯觀弧線嗎？你看到的正是彩虹！幾千年來，這些自然奇景讓人類目眩神迷。彩虹是如何形成的呢？科學家逐漸解開了彩虹的祕密，但彩虹絕非只是科學奇蹟而已⋯⋯

　　這本書要說的，不只是彩虹背後的科學原理，還有彩虹在神話、文化信仰和政治上的地位，以及彩虹如何神奇的啟發偉大的藝術作品、音樂和故事。無論天氣如何，世界各地的人總是把彩虹的符號當成團結、和平與希望的象徵。

彩虹的
科學原理

在有時下雨、有時晴朗的日子裡，你可能會看到天上有彩虹，但陽光和水是怎麼變出繽紛的色帶？

仔細觀察「光」

　　想知道彩虹是怎麼形成的，就需要了解光的奇特性質。

快如閃電

　　光是一種能量，讓我們能夠看到周圍的世界。大部分的光是從太陽來的，但燈泡、閃電和火焰也會發光。你看不到光在移動，因為光的傳遞速度最快——光以每秒約30萬公里的速度行進！在漆黑的夜晚按一下開關，光就會立刻充滿整個房間。

光和影子

　　光以直線行進，如果光照在不透明的物體上，就不能穿透或繞過物體。光被擋住，就會形成影子。

飛揚的色彩！

　　光看起來是白色的，但其實光是由多種不同顏色混合而成，例如：紅、橙、黃、綠、藍、靛、紫。

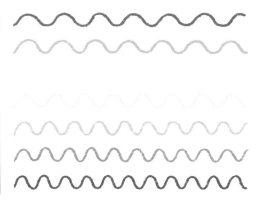

行進中的光

　　各種不同顏色的光都有自己的波形和波長，波長就是指波峰之間的距離。紅光的波長最長，接著依序是橙、黃、綠、藍、靛光，紫光的波長最短。這就是為什麼彩虹的顏色總是以同樣的順序排列。

你知道嗎？

我們常說「光以直線行進」。事實上，光本身是以波的形式前進。以直線行進的，其實是這些光波。

Really Old Yaks Go By in Vans.（超老的犛牛坐著貨車經過。）

Rinse Out Your Granny's Boots in Vinegar.（用醋沖洗你奶奶的靴子。）

Richard Of York Gave Battle in Vain.（約克郡的理查白費力氣戰鬥。）

藏有彩虹順序的怪句子

　　彩虹顏色順序的英文是red, orange, yellow, green, blue, indigo, violet。我們可以利用彩虹各個顏色的第一個字母，按順序聯想造句，還能輕鬆記住彩虹的顏色順序喔！

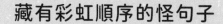

反射、折射、色散

雖然光只能沿著直線行進，但科學家已經發現光如何返回、偏折，甚至散開。光必須做到這三件事才能形成彩虹。

我們看到的顏色

我們看物體時，看到的其實是從物體反射出來的光。我們可以看到色彩，是因為物體只反射特定的色光。這顆蘋果外表看起來是紅色的，原因是它反射紅光，而其他顏色的光都被蘋果吸收了。

偏折的光

有一種三角柱狀的玻璃儀器稱為三稜鏡，可以使白光偏折並且分散成不同顏色的光，形成光譜。光進入三稜鏡時產生的偏折現象稱為折射；光在三稜鏡的另一邊散開、閃耀出彩虹色彩，這是光的色散。

你知道嗎？
我們的眼睛很神奇，可以分辨數百萬種不同的色調。

真正偏折的是光！

利用鉛筆和水，就可以看到光的偏折，也就是折射作用。從鉛筆末端反射出來的光線，先經過水再經過空氣，因為光在水和空氣中行進的速度和方向不同，就產生折射。最後光線進到你眼睛，鉛筆看起來就好像被折成兩段了！

光波的長短

光進入水滴時，會折射並且色散成不同的顏色。每一種色光的折射角度都有一點不同。波長較長的色光偏折角度較小，波長較短的色光偏折角度較大。這就是為什麼紅光出現在彩虹的頂部，而紫光出現在底部。

彩虹出現了

　　幾百萬滴小小雨滴從天空落下，照到陽光會怎麼樣？彩虹出現了！這不是魔法，而是光折射和反射的科學。

先偏折及散開……

　　雨滴就像是小小的三稜鏡。當陽光照射進入水滴，光線從空氣進入水中時會產生折射，並色散成各種顏色的光。

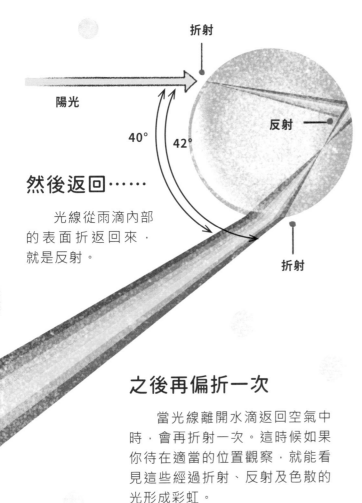

折射

陽光

40°　42°

反射

折射

然後返回……

　　光線從雨滴內部的表面折返回來，就是反射。

之後再偏折一次

　　當光線離開水滴返回空氣中時，會再折射一次。這時候如果你待在適當的位置觀察，就能看見這些經過折射、反射及色散的光形成彩虹。

你知道嗎？

藍光與紫光以大約40度角從水滴射出，而紅光以大約以42度角射出。由於紅光的射出角度較大，因此對觀察者來說，紅光會出現在彩虹的最上面。

你看，是彩虹！

重點筆記

請記住，光線的進出都在水滴的同一側，所以如果你想看到彩虹，務必要背對著太陽、面對著雨滴。

陽光

你知道嗎？
雨滴的形狀通常像是球體，而不
是淚滴。雨滴是圓的，這樣光線
才能折射和反射回來形成彩虹。

古代的想法

幾千年來，彩虹一直是個謎。幾位古代最聰明的人，逐漸揭開了彩虹的祕密。

約西元前400年：第一個彩虹理論

亞里斯多德是2000多年前生活在希臘的偉大思想家。他博學多聞，提出各種理論來解釋周圍的世界。他發現，空氣中有水滴時才會出現彩虹。不過，他誤以為彩虹是陽光在雲層中反射而形成的，也認為彩虹只有三種顏色：紅色、綠色和紫色。托勒密二世是西元前283-246年統治埃及的國王，他買了大量亞里斯多德的著作，因此亞里斯多德的彩虹理論傳遍整個中東地區。

你知道嗎？

人們相信，提出第一個色彩理論的人是亞里斯多德。他認為所有的顏色都來自白色和黑色（明與暗），是由上帝透過天光傳送而來。在牛頓展示如何利用三稜鏡來分離光線前，大眾有很長一段時間普遍接受亞里斯多德的理論。

西元800至1200年：中東地區的發現

阿尤布·魯哈維（拉丁語譯名為「埃德薩的約伯」）是位敘利亞科學家，他對亞里斯多德「有雲才會形成彩虹」的理論提出挑戰，但他還是相信彩虹是由三種顏色組成的。

後來，波斯科學家伊本·西那（即「阿維森納」）發現水的噴霧會形成彩虹。接著，阿拉伯數學家與科學家海什木（即「阿爾·哈金」）成為第一個提出「光可以偏折和改變方向」的人。

終於，波斯思想家庫特布·丁·設拉子認為，當光線在雨滴裡折射和反射，就會形成彩虹。這太棒了！可惜的是，庫特布的著作在很久以後才傳到西方世界！

你知道嗎？

直到11世紀，當西班牙人征服阿拉伯人統治的城市托雷多，發現了大量有關彩虹理論的藏書，亞里斯多德和伊本·西那的著作才在西方世界廣為人知。

15

解開彩虹之謎

漸漸的，西方世界的偉大思想家和科學家開始利用色彩實驗來證明自己的彩虹理論。

巨大的雨滴

西元1304年，德國思想家與科學家——弗萊柏格的西奧多利克著手證明自己的理論：每一滴雨滴都能產生彩虹。他將圓形燒瓶裝滿水，來模擬巨大的雨滴。他把圓形燒瓶放在黑暗的房間裡，用一束陽光照射它，果然如他所預測的產生了彩虹，證明雨滴跟鏡子一樣可以反射光線。

你知道嗎？

大約在同一時間，德國科學家約翰尼斯·克卜勒也發現了折射定律，但沒有人知道這件事，因為他把這些觀察寫在私人信件中！他將彩虹裡的顏色，比喻成音樂中的八度音階。

破解理論

西元1637年，法國科學家勒內·笛卡兒利用數學和最新發明的工具及儀器，測量出光線進入雨滴的角度。他進一步清楚的解釋折射定律，並說明進入水滴的光線，會從內部的表面以特定的角度反射回來一次。

光不是白色的

西元1666年，著名的科學家艾薩克·牛頓爵士進行實驗，證明白光是由多種顏色組成。牛頓將一束光照射進入三稜鏡，使白光分散成彩虹的多種色光。牛頓是第一個使用名詞「光譜」來描述彩虹顏色的人。

當時有些科學家認為光是白色的，並認為顏色是光穿透的水或玻璃造成的。

為了證明光本來就有不同顏色，牛頓又進行了另一項實驗。他讓分散的色光照射進入第二個三稜鏡，結果光線又聚集回來，產生了白光。

難得一見的
彩虹

空氣中含有細小水滴的地方，包括
飛濺的瀑布和海浪，甚至鯨魚噴氣而產
生的水霧，都可能形成彩虹！

彩虹成雙！

有什麼比看到天上有一道彩虹還棒呢？答案是同時看到不只一道彩虹！這些難得一見的壯觀景象，只有在天氣條件恰到好處時才看得到……

霓和虹

我們平時常見的彩虹，是光在雨滴內經過一次反射所形成，又稱為「虹」。如果站在適當的觀察角度，就有機會在虹的上方，看到光在雨滴裡反射兩次，所產生的第二道彩虹，稱為「霓」。

雙胞胎彩虹！

當發生兩場陣雨，不同大小的雨滴混合在一起時，就可能會出現雙胞胎彩虹。這兩道彩虹的顏色排列順序完全相同，而且其中一端會相連。

哪裡不一樣？

形成霓的光線在雨滴內反射了兩次，所以我們看到的顏色順序會跟虹上下顛倒，變成紅色在內側，紫色在外側。

形成霓的光線

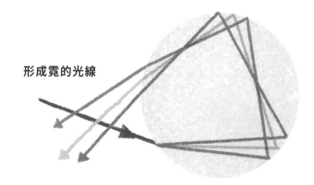

漢堡狀的雨滴

雨滴從天而降時會變扁，越大越重的雨滴會變得越扁，形狀就像是漢堡的側面。光線穿透不同形狀的雨滴，往兩個不同的方向行進，就會形成兩道雙胞胎彩虹。

反射虹

　　如果陽光從水面反射後，又穿過空氣中的水滴，就會出現反射虹。

霓

虹

反射虹

經水面反射的霓

經水面反射的反射虹

經水面反射的虹（被反射虹）

被反射虹

　　當光線先穿過雨滴，然後才從水面反射，在河水和湖水的表面就會出現「被反射虹」，又稱為「映射虹」。

奇特的彩虹

我們熟知的彩虹，大多是由肉眼可辨識的七種顏色所組成的美麗弧線，但在一些很特別的天氣條件下，我們看到的彩虹顏色可能較多或較少，甚至有機會看到耀眼的一整圈彩虹！

紅色警報！

在日出和日落，當太陽的位置較低且周圍有雨時，如果你背對著太陽，面對著雨，你可能會很幸運的看到火紅色彩虹。這是因為陽光穿透地球周圍的大氣層時，部分色彩的光線被散射掉了。這也是日出和日落時，天空是紅色的原因。

日出日落的紅色天空

日出和日落時，太陽接近地平面，陽光需要穿越厚厚的大氣層才能到達我們的眼睛。在這過程中，短波長的藍色和綠色光會被散射掉，而波長較長的紅色光則較容易穿透大氣層，所以天空看起來是紅的。這時如果下雨，彩虹也會是紅色的。

為什麼天空是藍色的？

當太陽高掛在天頂，陽光穿透地球大氣層的距離較短，波長較短的藍色光會因為散射漫布四面八方，所以天空看起來是藍色的。在日出後或日落前，你還可以觀察到從天頂到地平線，呈現藍色到紅色的美麗漸層。

日出／日落

正午

超級彩虹

　　內側具有更多道顏色的彩虹稱為「複虹」。這些紫色、粉紅色、綠色等柔和弧形，是空氣中充滿大小幾乎相同的小雨滴時才會形成。

彩虹繞圈圈

　　環形彩虹很罕見，令人目眩神迷。其實每一道彩虹都是一個圓環，但大多數時候我們只能看到部分的彩虹，因為其餘的部分被地面擋住了。不過，在適當的條件下，你可以看到完整的彩虹圓圈——太陽在天空的位置越低，看到的彩虹部分就越多。

你知道嗎？
在高空飛行的飛行員最有機會看到環形彩虹，因為他們不會被地面擋住視線。

和彩虹相似的現象

我們知道，當陽光穿透雨滴就會出現彩虹。但是如果不同類型的光穿透不同類型的水滴，會發生什麼事呢？

朦朦朧朧

當光線穿透霧時，會產生接近白色的「霧虹」。霧是由懸浮在空氣中的微小水滴所組成，由於這些水滴比雨滴小得多，陽光經過時會發生「繞射」作用，從水滴反射出來的單一色光會因此發散，彼此混合干擾，形成接近白色的霧虹。

世界之巔的光環

「彩光環」看起來像是圓形的彩虹，只有當光線穿透位在觀察者下方的薄霧或雲層時，才看得到，因此通常是飛行員或登山者才有機會見到。這個時候，觀察者必須背對著太陽，而彩光環出現時，會與觀察者和太陽在同一直線上。

太空中也看得見！

2018年，德國太空人亞歷山大·格斯特從太空中親眼看到彩光環。

月虹

　　如果你背對著月亮，面對著雨滴，有可能會看到「月虹」，月虹的光比彩虹柔和許多。

你知道嗎？
如果月光強烈到可以穿透霧，你就有機會看見相當罕見的「月霧虹」！

閃閃發光的環

　　在水氣豐沛的晴天，高空中的水氣有機會結成微小的冰晶。當陽光照射穿透超級細小的冰時，會在朦朧的太陽周圍產生略帶彩色的白環，稱為「日暈」。不過，建議不要直視太陽，最好戴上墨鏡觀察，避免眼睛受傷。

倒過來的彩虹

　　這其實是一種稱為「環天頂弧」的日暈，當陽光穿透由六角片狀冰晶組成的高空雲層時，往往會形成環天頂弧。它的色彩較淡，出現的高度往往與太陽接近。

彩虹的神話與傳説

> 早上出彩虹，
> 水手要警惕。

> 晚上出彩虹，
> 牧人心歡喜。

在每個文化中，都有一些與氣象徵兆有關的諺語或民間傳說，反映了人們看待自然的方式。其中有不少與彩虹有關，可以回溯至幾世紀以前。

這一切是怎麼開始的？

人類探索彩虹之謎，不只在科學的範圍。自古以來，彩虹早已出現在神話和宗教典籍中，而且往往和天堂有關。

修補天空的熔融彩石

在中國神話裡，女媧常被描述成蛇身人頭的女性。相傳女媧在大自然間遊蕩，覺得很孤單，於是創造了動物和人類。這時候的「天」和「地」是由四座山撐開，當水神和火神的爭鬥破壞其中一座山，並把天空扯破一個大洞時，女媧不忍人類受洪水、落石之苦而出手拯救。她熔化了五彩石，用它們來補天。

天之浮橋

　　日本的古老創世故事中，兩位天神伊邪那岐和伊邪那美奉命在人間創造陸地。祂們站上天之浮橋——普遍認為就是彩虹，並用天之瓊矛攪拌下方的油海，直到變得濃稠。當祂們拔出長矛時，液體滴落並且凝聚起來，形成了人間的第一座島嶼，稱為「淤能碁呂島」。伊邪那岐和伊邪那美便從天上沿著彩虹橋走下來，降臨人間。

你知道嗎？
日本與彩虹橋的深厚淵源一直延續到現在。1993年，日本開通了橫跨東京灣北部的彩虹大橋。吊橋的纜繩上裝有太陽能彩燈，可以照亮夜空。

彩虹女神

在古希臘神話中，愛莉絲是彩虹女神，也是眾神的信使。雖然神話中沒有特別以愛莉絲為主角的故事，但祂就像天上的彩虹一樣，時常出現不同的故事中。

眾神的信使

在古希臘文裡，愛莉絲(ἶρις)這個名字的意思是「彩虹」，源自於erô eirô這個詞，意思是「講者」或「信使」。古羅馬詩人奧維德就曾在作品中敘述祂會沿著彩虹而行，一路傳遞訊息。除了這項任務，古希臘詩人赫希爾德則提及，每當有神祇不得不發誓時，愛莉絲就要負責用大水壺從冥河中取水，讓發誓的神祇喝下。如果神喝了水又說謊，就會陷入昏迷一整年！

藝術品

　　古希臘人不僅講述眾神的故事，還將祂們描繪在藝術作品中。在現存的古希臘花瓶上，愛莉絲通常長著翅膀，手裡拿著水壺。西元前5世紀，古希臘雕塑家菲狄亞斯打造希臘眾神的大理石雕像，裝飾雅典衛城的帕德嫩神廟，他將愛莉絲放在西三角楣飾上的智慧女神雅典娜和海神波塞頓中間。

你知道嗎？
「iridescence」這個英文詞就是源自希臘語的彩虹「iris」，意思是「從不同的角度看，會變色的鮮豔色彩」，中文通常會翻譯成「虹彩」。

北歐的彩虹橋

在北歐神話中，彩虹橋「Bifröst」連結了神的世界「阿斯嘉特」和人類的世界「米德加爾特」。

彩虹橋的意涵

有人認為，古挪威語「Bifröst」的意思是「搖晃或顫抖的彩虹」，有人則聲稱它的意思是「閃閃發光的路」或「搖晃的天國之路」。不過，在早期的神話裡，則是使用「Bilröst」這個字代表彩虹橋，意思是「匆匆一瞥的彩虹」。

你知道嗎？
彩虹橋由海姆達爾負責看守，祂是眾神的守護者。

彩虹蛇

澳洲的原住民是最早來到澳洲的居民，祖先代代相傳「夢世紀」的故事，已經超過數萬年了。夢世紀的古代祖先之一，正是永生不死的彩虹蛇。彩虹蛇有許多種名稱，不同的部落和地區流傳的故事版本也有所不同。

給予生命，也奪取生命

彩虹蛇通常被認為與水和天氣有關，既能夠賜予生命，也可以掠奪生命。有些故事中描述，彩虹蛇為大地帶來水，創造出河流和生命，然後就去休息了。也有警世的故事記錄人們不可以激怒彩虹蛇，不然彩虹蛇會懲罰做錯事的人。有的傳說則描述彩虹蛇正待在水坑裡休息，要人們別去打擾。而下雨時，彩虹蛇會從水坑移動、跨越天空來到另一個水坑，於是在天上形成一道彩虹。

你知道嗎？

彩虹蛇是世界上現存最古老的信仰之一。人們甚至在澳洲北部的洞穴中，發現至少有6000年之久的原住民彩虹蛇壁畫。

故事的力量

　　夢世紀的故事不僅透過口耳相傳，也透過藝術作品一代一代流傳下來。澳洲原住民會在岩石上雕刻，並用赭石來作畫。赭石是一種天然的礦物顏料，有許多不同的顏色，例如黃色、橙色和棕色。這些原住民部落沒有文字，所以對他們來說，利用符號和藝術作品是不可或缺的溝通方法，也一直是他們傳承文化遺產的方式之一。

你知道嗎？
直到最近，這些原住民部落的神靈故事才廣為世人所知。即使是現在，通常只有部落的長老或前輩，才有資格講述或繪製這些神聖的故事。

愛爾蘭的矮精靈

在現今流傳的愛爾蘭民間傳說中，據說矮精靈「leprechauns」在彩虹的盡頭藏了黃金罐。但奇怪的是，雖然愛爾蘭的矮精靈神話已經流傳好幾百年，但矮精靈與彩虹的關連並沒有那麼悠久。

什麼是民間傳說？

民間傳說是特定族群或地區的人們代代口耳相傳的故事與文化信仰。這意味著故事往往隨時間而演變，而這些傳統不一定會留下文字紀錄。

威廉·巴特勒·葉慈 (1865 -1939)

愛爾蘭詩人葉慈是諾貝爾文學獎得主，他對愛爾蘭民間傳說很著迷。他在著作《愛爾蘭童話與民間故事》中提到，如果有人抓到矮精靈，就可以要求他把「裝著黃金的瓦罐」交出來，但要注意的是，如果你把目光從矮精靈身上移開，他就會像煙一樣消失。據說這就是現代故事「矮精靈把自己的黃金罐藏在彩虹盡頭」的靈感由來。

你知道嗎？
如果要描述某人想實現看起來不太可能的事，在英文中有「追逐彩虹」（chasing rainbows）這種說法。

愛爾蘭的矮精靈

矮精靈首度出現在8世紀左右的故事中，當時他們被稱為「luchorpán」，意思是「矮小的身體」。關於這些淘氣鬼和他們外表的故事，隨著時間慢慢成形了。他們常被描述成留著鬍子的老公公，身穿紅色或綠色的外套，頭戴尖尖的帽子、腳穿著扣帶鞋，而且職業通常是鞋匠！

現代版的故事

有一天，農夫捉到矮精靈，矮精靈聲稱在彩虹的盡頭藏了一罐黃金。農夫找了又找，卻始終找不到黃金，因為這是個詭計！彩虹是光線變化產生的景象，不是可以觸摸的物體，因此彩虹的盡頭並不存在。而且彩虹實際上是完整的圓環，所以也沒有所謂的盡頭！

藝術作品中的彩虹

藝術家馬庫斯・坎寧用九個色彩繽紛的回收貨櫃組裝成「彩虹」。這座雕塑位在澳洲西部的珀斯附近，俯瞰著費里曼圖港。

從前從前

　　璀璨的彩虹不僅在天空中光彩奪目，也在書頁、戲劇、詩歌，甚至童話故事中絢麗耀眼。

朗格的七彩童話

　　19世紀末，蘇格蘭作家安德魯‧朗格（1844-1912）蒐集了不同作者所寫的400多個童話故事，並編撰成12集系列叢書，每本「童話集」都用不同的顏色命名。在朗格的《黃色童話集》中，有一則格外色彩繽紛、名為〈比仙女還美〉的故事，裡頭的男主角正是彩虹王子。這則童話是法國小說家夏洛特-羅絲‧德‧科蒙‧德‧拉福斯在1698年所撰寫。

你知道嗎？
拉福斯的童話作品中，最有名的是〈香芹姑娘〉，後來被格林兄弟改編成廣受歡迎的童話故事——〈長髮公主〉！

彩虹的童話故事

　　一位好心的國王終於有了孩子，國王覺得女兒很漂亮，於是將她取名為「比仙女還美」。這激怒了仙女們，一位邪惡的仙女便把公主鎖在遠方的宮殿裡。有一天，陽光燦爛，公主經過宮廷花園的噴泉時，一道絢麗的彩虹出現了。彩虹竟然開口和她說話，把她嚇了一大跳！彩虹介紹自己是彩虹王子，並告訴公主，仙女在很久以前拘禁了他，使他沉睡不醒，因此如今他只能以彩虹的形式出現在世人面前。

　　每當陽光以恰到好處的方式照在水上、形成彩虹時，公主就會和彩虹王子相會，不久兩人便墜入愛河。公主從邪惡的仙女手中逃走，穿過樹林去尋找彩虹王子。最後，她來到一座城堡，在城堡裡發現了一個大房間，沙發上披掛著七彩繽紛的布簾。躺在沙發上的，竟是沉睡不醒的彩虹王子本人。公主好不容易喚醒了彩虹王子，兩人從此以後過著幸福快樂的生活。

彩虹彼端

　　有許多著名的彩虹歌曲都是來自電影，例如亞瑟・漢密爾頓為電影《憂鬱的凱利》所寫的歌曲〈我能唱出一道彩虹〉，以及電影《大青蛙布偶秀》中科米蛙的經典演出曲目〈彩虹聯想〉。眾多電影中，最為人熟知的彩虹歌曲，可能是那位「沿著黃磚路前行的女孩」所唱的那首……

電影《綠野仙蹤》

　　女孩桃樂絲被龍捲風捲走了，風暴過後，她在神奇的奧茲國度醒來。在膽小的獅子、缺少腦袋的稻草人和沒有心的錫樵夫的幫助下，桃樂絲沿著黃磚路前進，見到了奧茲國的魔法師，最後順利回家。電影一開始，桃樂絲夢想著一個永遠不會遇到麻煩的美好之地。她確信，如果真有這麼美妙的地點，那一定是在彩虹彼端的某個地方。

歌曲〈彩虹彼端〉

　　1939年的電影《綠野仙蹤》是根據李曼・法蘭克・鮑姆的童書改編，女明星茱蒂・嘉蘭在劇中飾演主角桃樂絲・蓋爾，並演唱了由哈羅德・阿倫作曲、艾德加・哈伯格作詞的〈彩虹彼端〉（Over the Rainbow），因而家喻戶曉。這首歌後來獲得了奧斯卡最佳原創歌曲獎。

你知道嗎?
為了強調這首歌最重要的第一個字「somewhere」（某個地方），作曲家阿倫將開頭的兩個音符寫成剛好相隔八度音階：「some」和「where」都是相同的音，但後者的音高比前者高八度！

你知道嗎?
有很多不同的音樂家表演過〈彩虹彼端〉，包括美國歌手伊娃・凱西迪和夏威夷音樂家伊瑟瑞・卡瑪卡威烏歐爾，其中伊瑟瑞是用烏克麗麗演奏的。

我看得懂彩虹

從古至今，藝術家們不僅頌揚彩虹是自然奇觀，也常用彩虹來表達重要的意義或訊息。

〈阿倫河邊的阿倫德爾城堡和彩虹〉

大約1824年，英國浪漫主義畫家威廉·透納（1775-1851）創作了一幅水彩畫，描繪阿倫德爾城堡和天上一道大大的彩虹。在當時，彩虹的科學是熱門話題，透納和朋友多次討論到光的顏色。浪漫主義藝術家和詩人認為，科學的進步剝奪了世界的自然之美與神祕感。

〈彩虹肖像〉

在〈彩虹肖像〉中，都鐸王朝女王伊莉莎白一世手上握著一道彩虹，彩虹上方題字：「Non sine sole iris」，意思是「沒有太陽就沒有彩虹」。太陽是君主神聖統治權的象徵，彩虹是和平的象徵，合起來則是象徵伊莉莎白政權的和平與繁榮。

藝術的要素：〈色彩〉

瑞士出生的藝術家安吉莉卡·考夫曼（1741-1807）是英國皇家藝術學院的創始成員。在〈色彩〉這幅畫裡，她描繪了一位女藝術家伸手用畫筆收集彩虹的顏色。

彩虹眷村

　　黃永阜（1924-2024）出生於中國，年輕時在軍中服役，1949年在戰火之下被迫遷移到臺灣。他原本只是暫時住在臺中的眷村，後來那裡卻變成了他的永久居所。2007年，政府宣布要拆除他居住的眷村，但黃永阜不想離開，於是他拿起畫筆，在自己的平房牆壁上畫了一隻小鳥。他畫了又畫，從人行道畫到屋頂，直到整個眷村都畫上了他那充滿活力的藝術作品。消息開始傳了出去，大家稱他為「彩虹爺爺」。2024年，臺灣政府在彩虹眷村中設立紀念專區，以記念彩虹爺爺留給大家的美好回憶。

NHS：英國的國家醫療健康服務。

彩虹的象徵

　　在全球爆發新冠肺炎疫情期間，歐洲各地的兒童紛紛製作彩虹畫，張貼在家中的窗戶上，表達自己對重要工作人員的支持，感謝他們維護大家的平安與健康。

注意，有彩虹！

當心！在不同的文化、神話和宗教中，彩虹常被認為是預兆——有時被當作預言好事的標記，有時則是預言將有壞事發生的警告⋯⋯

好兆頭

在舊約聖經中，彩虹被認為是好的兆頭。上帝看到人類的敗壞，決定用大洪水淹沒大地，並要諾亞在那之前建造方舟。諾亞帶著他的家人以及每種動物各兩隻登上方舟後，上帝下了四十天的雨，淹沒整個地球。過了很久很久，諾亞派鴿子出去尋找能落腳的乾土地。等到鴿子帶回橄欖葉，後來再飛出去甚至不回來，諾亞便知道洪水已退去，可以安全離開方舟了。上帝答應諾亞不再用洪水毀滅所有生物，於是在空中劃下一道彩虹做為立約的記號。

壞兆頭

　　在亞馬遜文化中，彩虹被認為是壞兆頭。許多人相信，彩虹精靈可能會傷害兒童和孕婦。這種廣泛的信仰從祕魯的前印加文明（西元前900-200年）就開始了，那時候的人看到彩虹時會閉上嘴巴，以免疾病進入體內。在祕魯中部所使用的愛茉莎語中，有一種疾病稱為「ayona'achartan」，翻譯成中文就是「彩虹傷害了我的皮膚」。

歷史上的重要旗幟

　　從以前到現在，世界各地都有人在旗幟上使用彩虹。不過，這些隨風飄揚的彩色旗幟，背後有什麼含義呢？

國際佛教旗

　　1885年第一次出現在斯里蘭卡的彩虹旗，是和平與信仰的象徵。1950年世界佛教徒聯誼會（簡稱世佛聯）成立時，彩虹旗成為國際佛教旗，現在已是全世界的佛教徒公認的代表旗幟。

和平運動

　　1961年的義大利和平遊行中也使用過彩虹旗，特色是旗幟上有義大利文「PACE」，意思是「和平」。從那時起，世界各地開始普遍使用彩虹旗，成為國際和平日（9月21日）的和平象徵。

驕傲旗幟（彩虹旗）

　　1978年，彩虹旗在LGBTQ+族群中成為希望和多樣化的象徵。最早的彩虹旗有八道條紋，但後來拿掉粉紅色和青綠色，剩下六種顏色：紅色（代表生命）、橙色（代表療癒）、黃色（代表陽光）、綠色（代表自然）、藍色（代表和諧）和紫色（代表精神）。

彩虹之國

　　1994年，南非舉行第一次民主選舉之後，大主教戴斯蒙·屠圖為南非取了「彩虹之國」的綽號。他曾經為了種族之間的平等而奮鬥。1994年4月27日，南非升起了新的六色國旗，代表南非社會的各個種族融合。

紐西蘭的彩虹勇士

　　「綠色和平（Greenpeace）」成立於1971年，是為了保護環境而積極奮戰的非暴力獨立組織。彩虹勇士號是綠色和平艦隊的旗艦，1985年7月10日，彩虹勇士號原本計劃出航，抗議法國進行核武器試驗。然而，彩虹勇士號被法國情報部門引爆擊沉，造成一名船員喪生。1988至1990年，人們在紐西蘭的馬陶里灣建立了彩虹勇士紀念雕像。

GREENPEACE

挺身為自己驕傲

　　彩虹是LGBTQ＋族群的重要標誌。為了平等，為了有權愛自己所選擇的人，以及讓自己的身分認同受到接納，他們不得不挺身而出，奮戰到底。

表達立場

　　1960年代，美國的許多酒吧拒絕為LGBTQ＋族群提供服務。紐約的石牆酒館（Stonewall）是LGBTQ＋族群可以安心社交的酒吧。但在1969年6月28日，警察臨檢石牆酒館，並以性傾向開始逮捕民眾。酒吧裡的人不滿受到不公平的對待，於是對警方扔瓶子、割破警車的輪胎，演變成一場暴動。在那週剩餘的日子裡，LGBTQ＋族群在街頭抗議，要求獲得公平對待的權利。「同性戀解放陣線」因而成立，持續積極爭取平權。

代表標誌

　　1977年，哈維・米爾克成為美國政治選舉中，公開承認同性戀的首批官員之一。他委託吉爾伯特・貝克為LGBTQ＋族群設計代表希望和多樣化的象徵。1978年，彩虹旗被採用了。

永不遺忘

　　彩虹旗一直是同性戀族群歷史的重要標誌和提醒。每年的石牆暴動週年紀念日，他們會在世界各地集會，舉辦驕傲遊行。後來，六月被公認為同志驕傲月。2015年在英國舉行的驕傲月慶祝活動中，著名地標「倫敦眼」摩天輪亮起了彩虹的顏色。

繼續向前邁進

　　如今，LGBTQ＋族群仍繼續為了平等的權利而奮戰。荷蘭是全世界最早承認同性婚姻合法的國家，法案於2001年生效。2015年，美國為了慶祝最高法院在全美50州通過同性婚姻合法化，彩虹色的燈光照亮了整座白宮。英國直到2020年，才全境允許同性婚姻合法化。臺灣則是在2019年，成為亞洲第一個同婚合法化的國家。

結語

　　對你來說，彩虹代表著什麼？答案沒有對或錯！對世界各地不同的人而言，這些美妙絕倫的彩虹意義重大。科學家因為發現光在水滴裡反射和折射的方式而欣喜，而藝術家則試圖在繪畫和故事裡捕捉彩虹之美。從彩虹橋的傳說，到亞馬遜人的預警，彩虹的魔法、神話和意味深長的故事，一代一代流傳至今。

　　下次當你看到彩虹，你會想到彩虹蛇從水坑裡爬出來的故事嗎？你會想去尋找矮精靈的黃金罐嗎？會不會有股衝動，想要唱一首自己最喜歡的彩虹歌曲？或者，你是否會想起那些把彩虹符號當成團結、和平、希望象徵的人？

　　無論如何，有一件事情是肯定的：彩虹是世界的自然奇觀，而它對我們的意義，將會隨著時間不斷的發揚光大。

名詞解釋 (依首字筆畫排列)

◇ **三角楣飾**：古希臘建築中，常出現在柱子上方的三角形門楣裝飾。中式古建築也有類似構造，出現在廟宇或房屋外側牆頂部的三角處，稱為「山尖」。

◇ **三稜鏡**：一種柱狀的透鏡，兩端具有相同的橫切面，且形狀為三角形。

◇ **大氣層**：受行星引力影響，在行星表面累積的一層氣體。

◇ **反射**：光線碰到物體表面，進而折返的現象。當光行進方向垂直物體表面，反射時則會從原來的行進路線返回。

◇ **光譜**：在科學研究中，將光依照不同波長或頻率順序，所排出來的一條色帶。其中包含彩虹色彩，為人肉眼看得見的「可見光」；也包含我們眼睛看不見的「不可見光」，例如紫外線與紅外線。

◇ **色散**：白光分散成可見光譜的多種顏色。不同色光在非真空的介質中行進時，速率各不相同，因此當白光從一種介質進入到另一種時，不同的色光就會產生相異角度的偏折而散開來。

◇ **折射**：光在不同介質中，速率不同。因此從一個介質進到另一個介質時，若光沒有垂直介質交界，就會因為速率變化產生偏折，這就是折射。

◇ **波長**：波形中的兩個相鄰波峰（波形的最高處）或波谷（波形的最低處）之間的距離。

◇ **虹彩**：英文為iridescence，指從不同的角度看，會變色的鮮豔色彩，可以在肥皂泡泡、蝴蝶翅膀等處觀察到。

◇ **浪漫主義**：18世紀末至19世紀初的一個西方藝術派別，強調「表達人類情感與自然的連結」，影響擴及繪畫、音樂和文學等領域。

◇ **烏克麗麗**：外型類似小型吉他的樂器，只有四條弦，為夏威夷代代相傳的民族樂器。

◇ **新冠肺炎**：又名「嚴重特殊傳染性肺炎（COVID-19）」，是一種由特殊的冠狀病毒引起的傳染病，在人們咳嗽或打噴嚏時經由空氣傳播。這場傳染病於2019年底開始，引發一場持續許久的全球性疫情，造成逾數百萬人死亡。

◇ **矮精靈**：愛爾蘭民間傳說中的小精靈，通常被描繪成淘氣鬼，並且喜歡收集黃金。

◇ **預兆**：一種預言的象徵或警訊，暗示未來可能會發生好事或壞事。

◇ **夢世紀**：澳洲原住民的從遠古時期流傳下來的神話故事，他們相信他們的祖先創造了世界，而夢世紀就是在講述這段世界形成初始的故事。

◇ **綠色和平**：一個為了保護環境而積極奮戰的非暴力獨立組織，成立於1971年。

◇ **諺語**：在一文化中流傳的俗語，通常為簡短語句，音調和諧或字詞富含趣味，內容旨在述說道理或提供建議。

◇ **繞射**：光遇到障礙物時，光波受干擾、偏離原本路線的現象。尤其當光行經小孔、狹縫時，容易偏折散開。

索引

其他筆畫
LGBTQ+　50、52-53
NHS　46

二～三畫
八度音階　16、43
三角楣飾　31
三稜鏡　10、14、17
大青蛙布偶秀　42
大氣層　22
女媧　28

四畫
反射　10-16、20、21、
24、55
反射虹　21
天之浮橋　29
天之瓊矛　29
日暈　25
月虹　25
月霧虹　25
比仙女還美　40-41
牛頓　14、17

五畫
卡瑪卡威烏歐爾　43
白宮　53
石牆酒館　52

六畫
伊邪那岐　29
伊邪那美　29
伊莉莎白一世　44
同志驕傲月　52
同性婚姻　53
同性戀解放陣線　52
托勒密二世　14
托雷多　15

兆頭　48-49
米爾克　52
考夫曼　44
色彩（畫作）　44
色散　10-12、17
西那　15
西奧多利克　16

七畫
克卜勒　16
坎寧　39
折射　10-13、15-16、55
貝克　52

八畫
亞里斯多德　14-15
亞馬遜　49、55
帕德嫩神廟　31
拉福斯　40
波長　9、11、22
波峰　9
波塞頓　31
長髮公主　40
阿倫　42-43
阿倫河邊的阿倫德爾城堡和
彩虹　44

九畫
前印加文明　49
南非　50
哈伯格　42
虹彩　31

十畫
倫敦眼　52
朗格　40
格林兄弟　40
浪漫主義　44

海什木　15
海姆達爾　32
烏克麗麗　43

十一畫
國際佛教旗　50
國際和平日　50
屠圖　50
彩光環　24
彩虹之國　50
彩虹肖像　44
彩虹彼端　42-43
彩虹勇士號　51
彩虹眷村　45
彩虹蛇　34-35、55
彩虹旗　50、52
彩虹橋（日本）　29
彩虹橋（北歐）　32-33、55
淤能碁呂島　29
笛卡兒　16
被反射虹　21
設拉子　15
透納　44

十二畫
散射　22
菲狄亞斯　31
雅典娜　31
黃永阜　45
黃色童話集　40

十三畫
奧維德　30
愛茉沙語　49
愛莉絲　30-31

新冠肺炎　47
矮精靈　36-37、55
葉慈　36

十四畫
嘉蘭　42
夢世紀　34
綠色和平　51
綠野仙蹤　42
赫希爾德　30

十五畫
憂鬱的凱利　42
複虹　23
赭石　35
魯哈維　15

十六～十七畫
諾亞　48
霓　20-21
鮑姆　42
環天頂弧　25
環形彩虹　23

十八畫以上
繞射　24
舊約聖經　48
雙胞胎彩虹　20
霧虹　24
驕傲遊行　52